FORSCHUNGSBERICHTE DES LANDES NORDRHEIN-WESTFALEN

Nr. 2162

Herausgegeben im Auftrage des Ministerpräsidenten Heinz Kühn
und des Ministers für Wissenschaft und Forschung Johannes Rau
von Leo Brandt

*Dr. rer. nat. Dipl.-Ing. Otto Schwab*
*Ing. grad. Horst-Udo Rapp*

*Papiertechnische Stiftung für Forschung und Ausbildung
in Papiererzeugung und Papierverarbeitung München*

## Optische Kennzeichnung von Druckpapieren

SPRINGER FACHMEDIEN WIESBADEN GMBH  1970

ISBN 978-3-663-20038-3          ISBN 978-3-663-20394-0 (eBook)
DOI 10.1007/978-3-663-20394-0

Verlags-Nr. 012162

© 1970 by Springer Fachmedien Wiesbaden
Ursprünglich erschienen bei Westdeutscher Verlag GmbH, Opladen 1970

Gesamtherstellung: Westdeutscher Verlag

# Inhalt

Einleitung .................................................... 5

1. Kennzeichnung der Färbung von Papieren ..................... 5

    1.1 Aussagemöglichkeit der Farbmessung ..................... 7

2. Kennzeichnung der Färbungsgleichmäßigkeit ................. 11

3. Kennzeichnung der Durchsicht .............................. 14

4. Möglichkeiten zur Kennzeichnung des Glanzes ............... 16

Literaturverzeichnis ......................................... 18

Anhang ....................................................... 19

# Einleitung

Mit den steigenden Ansprüchen an die Qualität von Druckerzeugnissen und mit den steigenden Druckgeschwindigkeiten tritt immer mehr die Frage nach einer sinngemäßen Kennzeichnung der Eigenschaften der eingesetzten Druckpapiere in den Vordergrund. Voraussetzung einer sachdienlichen Kennzeichnung ist jedoch die Kenntnis der technologischen Zusammenhänge zwischen Papierqualität und Bedruck- und Verdruckbarkeitseigenschaften.

Da neben der Informationsvermittlung eines Drucks auch der ästhetische oder werbewirksame Eindruck wichtig sein kann, kommt dem visuellen Erscheinungsbild erhebliche Bedeutung zu. Hieraus erwächst die Frage nach der ausreichenden *optischen Kennzeichnung*.

Im einzelnen lassen sich folgende Begriffe angeben, die zum optischen Erscheinungsbild beitragen:

Färbung, Transparenz und Glanz.

Es scheinen uns Überlegungen wertvoll, die aufzeigen sollen, welche Möglichkeiten mit den heute gebotenen Meßverfahren gegeben sind, diese Begriffe in Zahlen auszudrücken. Folgende Fragen sollen aufgeworfen werden:

1. Möglichkeiten der Farbmessung zur Kennzeichnung der Färbung weißer und annähernd weißer Papiere;
2. Erfassung der Gleichmäßigkeit der Färbung von Papieren innerhalb eines zu bedruckenden Formats und im Vergleich von Ober- und Siebseite (farbige Zweiseitigkeit);
3. Einfluß der Durchsicht auf Färbung und deren Messung;
4. Möglichkeiten zur Kennzeichnung des Glanzes.

Dabei sollen auch Überlegungen dazu angestellt werden, wo die behandelten Größen von den eingesetzten Rohstoffen und den bei der Herstellung gegebenen technologischen Bedingungen her beeinflußt sind.

# 1. Kennzeichnung der Färbung von Papieren

Die bisher übliche Kennzeichnung der Weiße durch Angabe eines Remissionsgrades als »Weißgrad« wird heute als nicht mehr ausreichend angesehen, weil die vom menschlichen Auge stärker beurteilte Verschiebung ins Gelbliche hierbei nicht erfaßt wird. So wird in den meisten Fällen das von der Internationalen Beleuchtungskommission entwickelte und in Deutschland im Normblatt DIN 5033 festgelegte System zur Ermittlung von Farbkennzahlen verwendet [1]. Im Bereich der laufenden Kontrolle von Färbungen hat sich gezeigt, daß dem Dreibereichsverfahren größere Bedeutung zukommt als der Ermittlung eines Farborts aus dem Remissionsspektrum. Die beim Dreibereichsverfahren (Bestimmung von Remissionsgraden $R_X$, $R_Y$ und $R_Z$ mit einem üblichen Remissionsphotometer unter Verwendung von Farbmeßfiltern entsprechend

DIN 5033) erheblich geringere Absolutgenauigkeit wird durch Verwendung von Farbstandards ausgeglichen [2].

Das in Deutschland in erster Linie verwendete Remissionsphotometer ist das Elrepho der Firma Zeiss, Oberkochen (Abb. 1), das die Remissionsgradmessung durch optischen Abgleich erzielt. Es weist damit den Nachteil auf, daß bei einer Farbortmessung je eine Eichung vor und nach jeder einzelnen Remissionsmessung notwendig ist. Durch Verwendung eines eingebauten Schwenkstandards kann die dazu notwendige Zeit abgekürzt werden. Zu beachten ist, daß dieser häufig an einem Primärstandard (Bariumsulfatpulver, das an der ideal weißen und matten Fläche geeicht wurde) überprüft wird.

Um die langwierige Berechnungsarbeit des Farborts aus den Remissionsgraden zu verkürzen, sind geeignete Rechenhilfsmittel, wie Rechentafeln, speziell entwickelte Analogrechner und Kleincomputer verfügbar [3, 4, 5].

Die verlangte Genauigkeit muß sich am Farbunterscheidungsvermögen des menschlichen Auges orientieren. Da uns keine Angaben, speziell bei weißen Papieren, bekannt waren, versuchten wir das meßtechnisch und visuell zu erreichende Auflösungsvermögen miteinander zu vergleichen. Zu diesem Zweck wurden je zehn voneinander unabhängige Farbmessungen an Mustern der Größe DIN A 5, die jeweils der laufenden Produktion entnommen waren, durchgeführt. Die Färbung lag von leicht gelblich bis orange mit jeweils unterschiedlicher Farbsättigung. Aus diesen Farbörtern wurden jeweils Mittelwert, mittlere quadratische Abweichung und maximale Abweichung ermittelt und gegen die Farbsättigung nach DIN 6164 aufgetragen, weil zu erwarten war, daß die Genauigkeit zunimmt, wenn die Sättigung abnimmt. Es wurde so ein Fehler erfaßt, der sich aus der Schwankung der Färbung und aus der Meßungenauigkeit ergibt. Abb. 2 zeigt, daß die maximale Abweichung der Normfarbwertanteile gegen $\sim 10^{-3}$ und die mittlere quadratische Abweichung gegen $0{,}5 \cdot 10^{-3}$ geht, wenn sich der Farbort dem Unbuntpunkt nähert. Der Vergleich zwischen visueller und meßtechnischer Genauigkeit soll aus Abb. 3 hervorgehen. Hier ist der Farbort verschiedener weißer Papiere mit geringfügig unterschiedlicher Färbung aufgetragen. Der gleichzeitig an diesen Mustern durchgeführte visuelle Vergleich der Färbung unter einer Farbabmusterungsleuchte zeigte, daß die mit 1 bis 4 bezeichneten Muster gut zu unterscheiden waren, daß eine Unterscheidung bei den Mustern 4 bis 6 nicht mehr möglich war. Demnach entspricht die mittels Elrepho zu erreichende Genauigkeit, selbst bei Ermittlung nur eines Meßwertes, etwa der der visuellen Abmusterung. Sie hat aber den Vorteil, eine von individuellen Einflüssen unabhängige zahlenmäßige Einordnung zuzulassen.

Die Farbörter weißer Papiere bewegen sich in einem relativ engen Bereich; zur Unterscheidung muß der Eintrag in einem vergrößerten Ausschnitt aus dem Farbnormdreieck erfolgen. Dieses enthält Sättigungs- und Farbtonlinien, so daß die Angabe des Farborts auch nach Farbton und Farbsättigung nach DIN 6164 möglich ist.

Liebert [6] stellte fest, daß sich der Farbort weißer, mit Farbstoffen nicht nuancierter Papiere sowie die zu ihrer Herstellung eingesetzten Rohstoffe annähernd entlang einer Farbtongeraden (Farbton 1–2) bewegen. Er schließt daraus, daß eine eindeutige Kennzeichnung des Farborts unter diesen Bedingungen gegeben ist, wenn man Helligkeit und Sättigung angibt. Beide Größen ermittelt er durch eine zweifache Remissionsmessung mit Hilfe eines Nomogramms. Die Berechnung eines Farborts durch zusätzliche Hilfsmittel wird beim Verfahren nach Hunter dadurch umgangen, daß durch eine geeignete elektrische Schaltung folgende Farbkoordinaten direkt ausgegeben werden [7]:

$$a = 175\,(1{,}02\,X - Y)/Y^{1/2}$$
$$b = \phantom{0}70\,(Y - 0{,}847\,Z)/Y^{1/2}$$
$$L = 100\,Y^{1/2}$$

$X$, $Y$ und $Z$ sind die Farbnormwerte nach DIN 5033, die vom Gerät gleichzeitig gemessen werden. Demnach liegt die Farbart eines unbunten Körpers bei $a = b = 0$. Abb. 4 zeigt die Farbton- und Sättigungslinien nach DIN 6164 in dieser Darstellungsart. Der Farbort weißer, nicht nuancierter Papiere variiert demnach hauptsächlich entlang der $b$-Achse (Gelb–Blau-Achse). Eine unmittelbare Bestimmung des Farbtons und der Sättigung durch Lab-Koordinaten gelingt jedoch nicht, weil die Sättigungslinien $L$-abhängig sind. Die dargestellten Sättigungslinien gelten für die im Normblatt DIN 6164 angegebenen Hellbezugswerte der Optimalfarben.

Um wieder Aufschluß über die zu erreichende Genauigkeit zu erhalten, wurden die oben beschriebenen Überlegungen angestellt. An verschiedenen Papiermustern mit ähnlichem Farbton, jedoch unterschiedlicher Sättigung, wurden je zehn Farbörter erfaßt und auf Abweichungen hin geprüft.

Abb. 5 zeigt das Ergebnis: Mit kleiner werdendem $b$-Wert (Annäherung an den Unbuntpunkt) geht die mittlere quadratische Abweichung der Werte gegen 0,05, die maximale Abweichung gegen 0,1. Der Fehler ergibt sich durch Schwankungen in der Färbung sowie durch Meßungenauigkeiten und entspricht nach unseren Beobachtungen etwa dem visuellen Unterscheidungsvermögen unterschiedlicher Färbungen.

Der Einsatz optischer Aufheller bei hochwertigen Papieren wirft die Frage nach ihrer farbmetrischen Erfassung auf. Während man in Amerika den zum Wirksamwerden des optischen Aufhellers notwendigen ultravioletten spektralen Energieanteil durch eine Glühlampe mit höherer Farbtemperatur zu erreichen sucht, verwendet man in Deutschland vorwiegend zur Anregung der Fluoreszenz eine Xenonhöchstdruckentladung, weil ihre spektrale Energieverteilung nach Filterung ungefähr der der Globalstrahlung entspricht.

Wird nach dem Dreibereichsverfahren mittels Elrepho mit einer Xenonlampe gemessen, ist zu berücksichtigen, daß nur Filter verwendet werden dürfen, die nicht gleichzeitig die Konversion des Glühlampenlichts in Lichtart $C$ vornehmen. Ferner ist zu berücksichtigen, daß die Geometrie der Beleuchtung nicht mehr ideal diffus ist, sondern einen gerichteten Anteil enthält.

Ungünstig macht sich bemerkbar, daß keine einfache Methode bekannt ist, um die erhaltenen Werte in Farbton und Sättigung nach DIN 6164 zu überführen. Als Notbehelf ist es anzusehen, den Farbort des Xenonlichts in den Farbort der Lichtart $C$ zu legen. Dann kann für einen schmalen Bereich des Farbnormdreiecks gezeigt werden, daß bei optisch nicht aufgehellten Papieren der mittels Xenonlampe oder Lichtart $C$ gemessene Farbort zusammenfällt. Optisch aufgehellte Papiere ergeben dann einen Farbort, der nach Sättigung und Helligkeit richtig angegeben werden kann. Zur Berechnung des Farborts nach dem vorgeschlagenen System verwendeten wir folgendes Schema [8]:

$$X = 0{,}773\, R_X + 0{,}196\, R_Z$$
$$Y = 0{,}995\, R_Y$$
$$Z = 1{,}172\, R_Z$$

## 1.1 Aussagemöglichkeiten der Farbmessung

Durch systematische Anwendung der Farbmessung war es bisher möglich, die Färbung genauer zu kennzeichnen. Darüber hinaus ist es aber auch möglich, die Zusammenhänge zu überprüfen, die zur Entstehung einer Färbung führen.

Es wurde bereits ausgeführt, daß der Farbort der zur Papierherstellung eingesetzten Rohstoffe sich in einem engen Farbtonbereich bewegt. Jedoch lassen sich deutliche

Unterschiede nach Sättigung und Helligkeit angeben. Allgemein kann gesagt werden, daß höhere Weiße (steigende Helligkeit und abnehmende Sättigung) mit dem Einsatz teurer Rohstoffe verbunden ist. Als Beispiel seien hier Sättigung und Helligkeit einiger üblicher Weißpigmente angegeben:

*Tab. 1  Farbort von Weißpigmenten*

| Pigment | $x$ | $y$ | $Y$ | $S$ | $T$ |
|---|---|---|---|---|---|
| Kaolin | 0,3240 | 0,3310 | 80,5 | 0,7 | 2 |
| China Clay | 0,3151 | 0,3231 | 87,7 | 0,3 | 1 |
| Baysikal | 0,310 | 0,317 | 98,1 | 0,0 | – |

Ähnlich verhalten sich Faserrohstoffe, deren Farbort sich vor allem durch Bleiche näher zum Unbuntpunkt hin bewegt. Harzleime und andere Hilfsmittel können den Farbort zu höherer Sättigung hin verschieben.

Korrekturen der Färbung, die notwendig sind, um einen Farbanschluß an ein gegebenes Muster zu erreichen bzw. zu erhalten, dürften am einfachsten mit Nuancierfarbstoffen zu erreichen sein, wenn eine gewisse Helligkeitsabnahme in Kauf genommen werden kann.

Sollen Überlegungen darüber angestellt werden, wie ein mathematischer Zusammenhang zwischen Farbstoffeintrag und Farbort bei gegebener Faserstoffmischung und Hilfsstoffeintrag hergestellt werden kann, so sind die im folgenden gezeigten Kurven heranzuziehen.

Abb. 6 zeigt in räumlicher Darstellung einen Ausschnitt aus dem Farbkörper. Die beiden dargestellten Kurven für zwei Nuancierfarbstoffe sollen zeigen, daß sich der Farbort dreidimensional ändert, wenn in steigendem Maß Farbstoff eingesetzt wird.

Soll demnach für einen gegebenen Fall mittels zweier Farbstoffe eine Färbungskorrektur ausgeführt werden, muß man sich vor Augen halten, daß nur zwei Koordinaten unabhängig geändert werden können.

Abb. 7 zeigt zur Verdeutlichung den in Abb. 6 gezeigten Zusammenhang in der Projektion in die $Y$–$y$-Ebene für zwei Stoffzusammensetzungen. Hieraus kann entnommen werden, daß eine Schwankung in der Stoffzusammensetzung durch die Änderung des Farbstoffeintrags nicht vollständig ausgeglichen werden kann, weil sich mit der Verschiebung der Farbart eine nicht korrigierbare Änderung der Helligkeit ergibt. Die Praxis der Farbabmusterung zeigt jedoch, daß eine Farbartverschiebung stärker ins Auge fällt als Helligkeitsunterschiede. Demnach mag es vorläufig genügen, letztere bei folgenden Überlegungen auszuklammern.

Abb. 8 soll zur Ermittlung eines Zusammenhangs zwischen Farbort und Farbstoffkonzentration dienen. Hier sind sowohl $x$ wie auch $y$ in Abhängigkeit von der Farbstoffkonzentration angegeben. Die Krümmung der gefundenen Kurven ist meist gering, so daß, wie weiter unten gezeigt wird, bei kleinen Änderungen der Konzentration mit einem linearen Zusammenhang gerechnet werden kann:

$$c = K(x - x_0) \quad \text{bzw.} \quad c = K(y - y_0) \tag{1}$$

Abb. 9 zeigt die Remissionsgrade $R_X$, $R_Y$ und $R_Z$ in Abhängigkeit vom Farbstoffeintrag eines Nuancierfarbstoffs. Allgemein ergeben sich meist schwach gekrümmte Kurven, so daß als Näherungslösung bei kleinen Konzentrationsänderungen ($\Delta c \leq 10\%$)

auch hier ein linearer Zusammenhang angenommen werden kann. Dies bestätigt auch die Kubelka–Munk-Gleichung, die in erster Näherung diesen linearen Zusammenhang liefert [9]:

$$Ac = \frac{(1-R)^2}{2R} - \frac{(1-R')^2}{2R'} = \frac{1}{2R} - 1 + \frac{R}{2} - \frac{1}{2R'} + 1 - \frac{R'}{2}$$

demnach:

$$Ac = \underbrace{(1/2\,R - 1/2\,R')}_{\approx 0} + \frac{(R-R')}{2} \qquad (2)$$

bei relativ hohen Remissionsgraden kann dann der erste Klammerausdruck vernachlässigt werden.

Hier sind:

$R$ der Remissionsgrad des gefärbten Papiers;
$R'$ der Remissionsgrad des ungefärbten Papiers;
$A$ eine Konstante;
$c$ die Farbstoffkonzentration.

Es muß hier berücksichtigt werden, daß die Kubelka–Munk-Funktion für monochromatisches Licht gilt. Dies ist hier nicht exakt erfüllt.
Abb. 10 zeigt die Farbortverschiebung für verschiedene Farbstoffe, die zur Nuancierung geeignet sind. Sie verlaufen unterschiedlich mit geringem Grün- oder Rotstich, zum Teil direkt durch den Unbuntpunkt $C$. Je nach Färbung des ungefärbten Stoffes und der gewünschten Färbung des fertigen Papiers kann ein geeigneter Farbstoff ermittelt werden. Es darf jedoch nicht übersehen werden, daß die Farbstoffwahl auch nach anderen Gesichtspunkten, wie Färbungseigenschaften, Echtheitseigenschaften, Löslichkeit, Preis, zu treffen ist.
So liegen zum Beispiel lieferbare Farbstofflösungen (»Flüssig-Farbstoffe«) nur bei einigen basischen Farbstoffen vor. Andererseits bewährt sich der Einsatz dieser Farbstoffe bei der kontinuierlichen Färbung, so daß oft durch gleichzeitige Verwendung von Nuancierblau und Rhodamin* ein Angleich an die Vorlage gesucht werden muß.
Die gezeigten Ergebnisse lassen sich folgendermaßen praktisch anwenden:
Die automatische Dosierung *eines* Nuancierfarbstoffs bei der kontinuierlichen Färbung kann von der Ermittlung eines Remissionsgrades, ausgehend mit angeschlossener Recheneinheit, die auf analoger Basis unter Berücksichtigung der Konstanten $A$ in Gl. (2) die Konzentration des einzusetzenden Farbstoffs berechnet und das Ergebnis auf die Farbstoffdosierpumpe überträgt, vorgenommen werden.
Tab. 2 zeigt die Konstante $A$ für einige Nuancierfarbstoffe, die zur Massefärbung von ungebleichtem Sulfitzellstoff eingesetzt wurden. Der Leimeintrag war 2% atro, Alaun wurde mit 5% zugesetzt. Die Färbung erfolgte bei 2,5% Stoffdichte. Als Meßfilter wurde das FMY/C-Filter verwendet.
Für den etwas komplizierteren Fall der kontinuierlichen Färbung mit zwei Nuancierfarbstoffen kann man folgendes lineares Gleichungssystem verwenden:

$$\begin{aligned} \Delta c_1 &= K_1(x-x_0) + K_2(y-y_0) \\ \Delta c_2 &= K_3(x-x_0) + K_4(y-y_0) \end{aligned} \qquad (3)$$

* Beide sind Flüssig-Farbstoffe

*Tab. 2*

| Farbstoff | $A$ |
|---|---|
| Astrablau 3 Rkonz | $770\ \dfrac{1}{\%}$ |
| Methylviolett N blau | $1000\ \dfrac{1}{\%}$ |
| Nuancierblau RE | $1250\ \dfrac{1}{\%}$ |
| Pigmosolblau G | $630\ \dfrac{1}{\%}$ |
| Papierdirektblau CP | $1150\ \dfrac{1}{\%}$ |

Hier sind $\Delta c_1$ und $\Delta c_2$ die zu treffenden Änderungen in der Farbstoffdosierung, $x, y$ die momentane Farbart, $x_0, y_0$ die Farbart der nachzustellenden Vorlage und $K_1, K_2, K_3$ und $K_4$ durch Probefärbungen zu ermittelnde Konstanten. Dem Gleichungssystem liegt der Gedanke zugrunde, daß sowohl eine Konzentrationsänderung des Farbstoffs 1 als auch des Farbstoffs 2 zu einer linearen Verschiebung des Farborts beiträgt. Für den Fall der Nuancierung eines Tiefdruckpapiers mit Nuancierblau und Rhodamin gilt zum Beispiel folgendes Gleichungssystem:

$$\Delta c_1 = \phantom{-}0{,}40\,(x-x_0) - 0{,}54\,(y-y_0)$$
$$\Delta c_2 = -0{,}10\,(x-x_0) - 0{,}03\,(y-y_0)$$

Werden als Ausgangsgrößen Remissionsgrade (z. B. die mittels Farbmeßfilter gemessenen) verwendet, so können die in Tab. 2 angegebenen Konstanten eingesetzt werden:

$$A c_1 + B c_2 = R_x - R'_x$$
$$C c_1 + D c_2 = R_y - R'_y \tag{4}$$

Daraus läßt sich dann ein Gleichungssystem für die Nachstellung ermitteln:

$$\Delta c_1 = \frac{\Delta R_x D}{AD - BC} - \frac{\Delta R_y B}{AD - BC}$$
$$\Delta c_2 = \frac{\Delta R_x C}{CB - AD} - \frac{\Delta R_y A}{CB - AD} \tag{5}$$

Hier sind:

$\Delta R_x$ und $\Delta R_y$ die Differenz der Remissionsgrade zwischen Muster und Vorlage, $\Delta C_1$ und $\Delta C_2$ die notwendigen Konzentrationsänderungen.

Eine gravierende Schwierigkeit beim Aufbau eines Regelungssystems ist die Länge der Regelstrecke. Die zeitliche Verschiebung zwischen Farbstoffeintrag und Beurteilung der Färbung kann je nach Volumen des Stoffaufbereitungssystems bis zu einer Stunde betragen, so daß der Befehl zu einer Änderung des Farbstoffeintrags mit anderen gleichsinnig wirkenden Änderungen der Stoffzusammensetzung zusammenfällt. Eine

Verkleinerung des Regelkreises kann durch Anwendung der Dünnstofffärbung kurz vor dem Stoffauflauf [10] erzielt werden. Abb. 11 zeigt den schematischen Aufbau einer automatisch wirkenden Farbstoffdosierung.

Für den Fall der diskontinuierlichen Färbung bzw. Nuancierung in der Mischbütte oder im Holländer gelten Überlegungen, die von den Gleichungssystemen (3) und (5) ausgehen. Es sind bei der Nuancierung mit zwei Farbstoffen entweder der Farbort zu bestimmen oder die Remissionsgrade $R_X$, $R_Y$ und $R_Z$.

Durch Verwendung eines geeigneten Nomogramms, in dem auf den Ordinaten die Konzentrationen der beiden Farbstoffe aufgetragen sind, und das schiefwinklig hierzu die Farbwertanteile $x$ und $y$ enthält, sind dann notwendige Änderungen des Farbstoffeintrags abzulesen. In Abb. 12 ist ein solches Diagramm für Nuancierblau und Rhodamin angegeben. Ist zum Beispiel der Farbort der Vorlage mit $x_0 = 0,3265$ und $y_0 = 0,3290$ gegeben, der des Musters mit $x = 0,3240$ und $y = 0,3320$, so läßt sich eine notwendige Änderung des Rhodamineintrages mit 0,002% und eines solchen des Nuancierblaueintrags mit 0% angeben.

Da die Aufstellung eines solchen Diagramms mit ziemlichem Aufwand verbunden ist, kann rechnerisch mit geringerem Aufwand verfahren werden, wenn mittels dreier Probefärbungen die Konstanten $A$, $B$, $C$ und $D$ ermittelt werden. Durch Verwendung eines programmierbaren elektronischen Rechners kann die Zeit für Korrekturberechnungen auf ein Minimum abgekürzt werden.

## 2. Kennzeichnung der Färbungsgleichmäßigkeit

Soll eine Kennzeichnung der Schwankungen der Färbung innerhalb eines Formats gesucht werden, wird man sich vorteilhaft eines Mikrophotometers bedienen, wie es in Abb. 13 dargestellt ist. Das gezeigte Gerät ist aus handelsüblichen Teilen, soweit es das Mikroskop anbelangt, aufgebaut. Die Beleuchtung erfolgt mittels Glühlampe unter etwa 30°. Die beobachtete Fläche wird mittels Objektiv auf ein Photoelement so abgebildet, daß eine Fläche von 0,016 mm² auf dem Photoelement erscheint. Die Photospannung wird entweder auf einen Kompensationsschreiber übertragen oder einem einfachen Analogrechengerät zur Ermittlung der mittleren Remission und der Abweichungen von diesem Wert zugeführt. Soweit nur weiße oder annähernd weiße Papiere erfaßt werden sollen, ist auf Filter zu verzichten, wenn es auch günstig erscheint, ein Grünfilter zur Anpassung der Geräteempfindlichkeit an die des menschlichen Auges anzuwenden. Als Standard dient ein lichtstabiler pigmentgefärbter weißer Kunststoff, der an $BaSO_4$ geeicht wurde.

Abb. 14 zeigt den gemessenen Remissionsgrad über eine Strecke von 5 mm eines Zeitungsdruckpapieres. Als Mittelwert kann angegeben werden: 65% (Ober- und Siebseite). Die Varianz beträgt 4,8 bzw. 5,6%. Da die Vergrößerung so gewählt wurde, daß sie einem halben Einheitsquadrat eines 70er Rasters [11] entspricht, kann auch eine Aussage darüber getroffen werden, ob und inwieweit Farbabweichungen in diesem Größenbereich zum unterschiedlichen Ausfall von Rasterpunkten beitragen können. Als Grund für Farbschwankungen kann die ungleichmäßige Verteilung von Faser-Fein- und -Grobstoffen, von Füllstoffen usw. angesehen werden. Sie werden durch die unterschiedliche Anfärbung durch Nuancierfarbstoffe noch unterstützt.

Unterschiede im optischen Erscheinungsbild der Ober- und Siebseite (Zweiseitigkeit) eines Papiers fallen stärker ins Gewicht als die oben beschriebenen Ungleichmäßigkeiten innerhalb einer Seite. Wenn man sich auch ein weitgehend vollständiges Bild über die Entstehung der Zweiseitigkeit machen kann [12], ist es bei den am weitesten verbreiteten Verfahren der Blattbildung (Rundsieb, Langsieb) nicht möglich, die Zweiseitigkeit, speziell die farbige Zweiseitigkeit, vollständig auszuschalten. Dies erscheint erst möglich, wenn alle Teile der Fasersuspension denselben Kräften auf beiden Seiten des Papiers unterworfen werden (Vertiformer oder ähnliche Verfahren).

Im folgenden sollen kurz die Vorgänge dargestellt werden, die zur Zweiseitigkeit führen:

Die Fasersuspension, die Faser-Fein- und -Grobstoffe, auch Füllstoffe enthält, trifft auf das Sieb. Durch die filtrierende Wirkung bildet sich mit fortschreitendem Verweilen ein Faservlies, das anfänglich keine Fein- und Füllstoffe enthalten kann, weil diese durch die Maschen des Siebs fortgerissen werden. Erst mit zunehmender Dichtheit des Faservlieses gehen diese Teile nicht mehr verloren.

Auf die schwereren Füllstoffteilchen wirkt zusätzlich die Schwerkraft stärker als auf die relativ leichteren Fasern, die leichter im Wasser in Schwebe gehalten werden können. Es ist deshalb verständlich, daß sowohl Sieb- wie auch Oberseite füllstoffärmer sind als die mittleren Schichten des Papiers [13]. Gleichzeitig ist erklärlich, daß die Oberseite reicher an Feinstoffen ist als die Siebseite.

Der gezeigte Effekt wird dadurch noch weiter verstärkt, daß im Bereich der Registerwalzen durch kurzzeitige Druckstöße zunächst Wasser zugepumpt und anschließend abgezogen wird. Auf diese Weise werden zusätzlich Fein- und Füllstoffteilchen entfernt. Auftretende Vakuumzonen (Saugbrustwalze, Flachsauger), starke Drücke im Bereich der Naßpressen sowie der Egoutteur können zusätzlich die Zweiseitigkeit verstärken, wenn sie dazu führen, daß einseitige Markierungen auftreten. Auch durch Satinage lassen sich diese Effekte nicht immer ganz überdecken.

Die gezeigte strukturelle Zweiseitigkeit liefert die Voraussetzung für die oft zu beobachtende farbige Zweiseitigkeit.

Der tiefere Grund liegt in der unterschiedlichen Färbung bzw. Anfärbbarkeit der einzelnen im Papier vorhandenen Komponenten. Sie wird um so stärker bemerkbar werden, je stärker die Entmischung der einzelnen Komponenten ist. Dies soll an einigen Beispielen erläutert werden.

Abb. 15 zeigt in einem Ausschnitt aus dem Farbnormdreieck die Farbarten der einzelnen Komponenten eines holzhaltigen, mit 10% Kaolin gefüllten Papiers. Gleichzeitig ist die Farbart der Ober- und Siebseite angegeben. Es läßt sich so zeigen, daß alle Farbörter, von Abweichungen innerhalb der Meßgenauigkeit abgesehen, auf einer Verbindungslinie liegen, wobei man sich je nach Mischung mehr dem am stärksten farbgesättigten oder dem am schwächsten farbgesättigten nähert. Zur quantitativen Vorausberechnung des Farborts sind Überlegungen wie die in [14] beschriebenen geeignet.

Wird ein Nuancierfarbstoff eingesetzt, so kann sich die Verbindungslinie zwischen den einzelnen Komponenten je nach Affinität verschieben. Dies soll Abb. 16 zeigen. Hier ist im Farbnormdreieck der Fall der Nuancierung mit Nuancierblau dargestellt. Entsprechend dem basischen Charakter werden Faserstoffe mit negativem Oberflächenpotential (holzhaltige Fasern) gut angefärbt; geringe Affinität besteht gegenüber Zellstoffen und Kaolin, zum Teil sogar nach Leimung und Alaunzugabe.

Je nach Entmischungsgrad ist dadurch auch hier wieder der Farbort von Ober- und Siebseite anzugeben.

Wird zur Nuancierung ein basischer und ein saurer Farbstoff gleichzeitig eingesetzt, verläuft die Linie im Farbnormdreieck durch die unterschiedliche Affinität wieder anders. Dabei kann die Reihenfolge der einzelnen Komponenten gegenüber der ungefärbten Reihe ohne weiteres vertauscht sein. Dies bedingt dann den Fall, daß die Siebseite heller erscheint, obwohl sie ohne Farbstoffeinsatz dunkler erscheinen müßte.

Pigmentfarbstoffe sind ähnlich wie Füllstoffe in die Überlegungen mit einzubeziehen, das heißt, sie werden im allgemeinen aus der Siebseite stärker ausgewaschen als aus der Oberseite.

Wie schon gesagt, kann eine vollständige Beseitigung der strukturellen und farbigen Zweiseitigkeit nicht erreicht werden, jedoch kann sie bis auf ein gewisses Mindestmaß herabgesetzt werden.

Als brauchbare Hilfe bei Ermittlung geeigneter Rezepturen in konkreten Fällen haben sich folgende Verfahren erwiesen:

Der von TSCHUDIN und SCHMID [15] entwickelte und beschriebene Pulsator gibt die Möglichkeit, Blätter im Labormaßstab mit definiert beeinflußbarer Zweiseitigkeit herzustellen. Während der üblichen Blattbildung wird auch hier Wasser pulsierend zu- und abgeführt, so daß derselbe Auswaschungseffekt wie in der Papiermaschine auftritt. Auf Grund der meßbaren Zweiseitigkeit lassen sich dann im Labormaßstab Abhilfemaßnahmen in ihrer Wirkung beurteilen.

Andererseits kann auch so vorgegangen werden, daß eine Auftrennung des zu untersuchenden Stoffes in die einzelnen Komponenten vorgenommen wird. Diese werden dann durch eine geeignete Färberezeptur so eingefärbt, daß alle denselben Farbort besitzen. Eine spätere Entmischung bei der Blattbildung kann sich dann nicht mehr in der Färbung auswirken. Es leuchtet ein, daß dieser Idealzustand nur näherungsweise erreicht werden kann. Es ist auch nicht möglich, ein allgemein gültiges Rezept aufzustellen, da jede mögliche Faser- und Füllstoffmischung anders gegenüber den einzusetzenden Farbstoffen reagiert.

Die Kennzeichnung der Zweiseitigkeit mittels Farbort der Ober- und Siebseite hat für die Praxis den Nachteil, daß dies nicht durch *eine* Zahl erfolgt. Deshalb wird vorgeschlagen, den Abstand beider Farbörter hierfür heranzuziehen. Es muß dabei beachtet werden, daß für die Abstandsberechnung eine Formel gefunden wird, die einen dem visuellen Empfinden entsprechenden Wert ausgibt. Unter den vielen in der Literatur beschriebenen Formeln verdienen die UCS-Formeln und die Hunter-Formel Beachtung, weil die erstere bereits in anderem Zusammenhang in der Papierindustrie verwendet wird [16] und die letztere besonders einfach ist.

Beide Formeln sind unten dargestellt:

$$\Delta E = (\Delta U^2 + \Delta V^2 + \Delta W^2)^{1/2} \tag{6}$$

$$W = 25 \sqrt[3]{R_y} - 17$$

$$U = 13 W (\Delta u)$$

$$V = 13 W (\Delta v)$$

$$u = \frac{4x}{-2x + 12x + 3} \quad \text{hier sind } x, y = \text{Farbart nach DIN 5033}$$

$$v = \frac{6y}{-2x + 12x + 3} \quad R_y = Y = \text{Hellbezugswert}$$

$$\Delta E = \sqrt{\Delta L^2 + \Delta a^2 + \Delta b^2} \tag{7}$$

Besonders die Hunter-Formel scheint gut geeignet, weil sie sehr einfach handzuhaben ist. Es wurde deshalb die Zweiseitigkeit einer Reihe farbiger Papiere visuell unter einer Farbmusterungsleuchte geprüft und nach ihrer Stärke eingeordnet (Tab. 3).
Gleichzeitig ist der nach obiger Formel errechnete Farbabstand angegeben.

*Tab. 3*

| Muster | Zweiseitigkeit (visuell) Rang | Farbabstand nach HUNTER | Rangstufe nach Farbabstand |
|---|---|---|---|
| 1 | 5,5 | 1,56 | 7 |
| 2 | 1,5 | 0,87 | 4 |
| 3 | 7,5 | 0,71 | 3 |
| 4 | 7,5 | 1,85 | 8 |
| 5 | 11,0 | 2,32 | 10 |
| 6 | 6,5 | 2,63 | 11 |
| 7 | 9,0 | 1,93 | 9 |
| 8 | 9,0 | 1,23 | 5 |
| 9 | 1,5 | 0,51 | 1 |
| 10 | 3,0 | 1,24 | 6 |
| 11 | 4,0 | 0,54 | 2 |

Durch Berechnung des Spearmanschen Rangkorrelationskoeffizienten wurde versucht, eine mögliche Übereinstimmung statistisch zu ermitteln [17]. Dabei ergab sich für den Farbabstand nach HUNTER $\varrho$ mit 0,65. Das entspricht einer statistischen Sicherheit von $S = 99\%$. Daraus schließen wir auf eine ausreichende zahlenmäßige Kennzeichnung durch diese Formeln.

## 3. Kennzeichnung der Durchsicht

Vor allem bei dünneren Papieren geht in die Färbung auch die Gleichmäßigkeit der Faseranordnung ein, die durch Wolkenbildung in groben Bereichen sehr stark gestört sein kann. Dies wird deutlich, wenn überlegt wird, daß für die Verteilung der Intensität des einfallenden Lichtes auf die einzelnen Anteile der Energiesatz gilt (Abb. 17). Je größer demnach der durch- und eindringende Anteil des Lichtes wird, um so geringer der remittierte und reflektierte Anteil. Es wirken die Stellen mit geringerer Dicke dunkler als die dickeren, wenn die Farbe über dunklem Untergrund beobachtet wird. Der feinere Bereich der Unregelmäßigkeiten in der Faserordnung durch Markierungen verschiedener Art (Sieb, Egoutteur, Filze) wird meist erst nach dem Bedrucken sichtbar, weil höherliegende Teile stärker bedruckt werden.
Weil deshalb eine gute Durchsicht als Kriterium für ein gutes Papier angesehen wird, werden seit langem Versuche zur zahlenmäßigen Kennzeichnung dieser optischen Eigenschaft angestellt [18, 19].
Geht man von einer Transparenzmessung, wie sie in Abb. 18 dargestellt ist, aus, so ergibt sich als Kenngröße:

$$T = \Phi/\Phi_0 \, 100\%$$

Die ermittelte Transparenz ist von der gewählten Meßanordnung abhängig, weil ein unterschiedlicher Anteil des durchgelassenen Lichtes zum lichtelektrischen Empfänger gelangt, wenn die optische Anordnung verändert wird.

Wird ein Papierprobestreifen oder die laufende Papierbahn auf diese Weise meßtechnisch erfaßt, ergibt sich ein elektrisches Signal, das nach Normierung die Transparenz kennzeichnet. Abb. 19 gibt den Verlauf der Transparenz wieder; wir können dann folgende Kenngrößen ablesen:

Mittlere Transparenz:

$$T_m = \frac{1}{t\,\Phi_0} \int_0^t \Phi\, dt$$

Mittlere Abweichung der Transparenz:

$$\Delta T_m = \frac{1}{t\,\Phi_0} \int_0^t |\Delta \Phi|\, dt$$

Während die mittlere Transparenz der nach DIN 53147 ermittelten Transparenz entspricht, ist die mittlere Abweichung als Kenngröße für die Unregelmäßigkeit der Durchsicht anzusehen.

*Tab. 4*

| Papier | Rangstufe Durchsicht (visuell) | Mittlere quadratische Abweichung | Rangfolge nach mittlerer quadratischer Abweichung |
|---|---|---|---|
| A | 6,5 | 0,5 | 8,0 |
| B | 8,5 | 0,3 | 9,5 |
| C | 11,0 | 0,2 | 11,0 |
| D | 5,0 | 3,0 | 1,0 |
| E | 2,5 | 2,0 | 5,0 |
| F | 5,0 | 0,7 | 6,5 |
| G | 1,0 | 2,7 | 4,0 |
| H | 5,0 | 2,8 | 2,5 |
| I | 6,0 | 0,3 | 9,5 |
| K | 5,0 | 2,8 | 2,5 |
| L | 8,0 | 0,7 | 6,5 |

So zeigt Tab. 4 die mittlere Abweichung einer Reihe von Papieren mit unterschiedlich guter Durchsicht sowie deren visuelle Einstufung. Mittels Korrelationsrechnung nach SPEARMAN [17] läßt sich zeigen, daß sich zwischen beiden Einordnungen ein statistisch gesicherter Zusammenhang ergibt. Interessieren deshalb keine weiteren Einzelheiten über die genauere Herkunft der Unregelmäßigkeiten, kann eine Anordnung, wie sie in Abb. 18 dargestellt ist, genügen.

Der in ein elektrisches Signal umgesetzte Lichtstrom, der den lichtelektrischen Empfänger trifft, wird nach Verstärkung in den Wechsel- und Gleichstromanteil zerlegt und zur Anzeige gebracht. Auf den beiden Instrumenten ist dann die Ablesung von $T_m$ und $\Delta T_m$ möglich, wenn die dem Lichtstrom $\Phi_0$ entsprechende Spannung bekannt ist. Wird jedoch nach Herkunft und Entstehung der Unregelmäßigkeiten gefragt, so ist eine weitere Analyse des in Abb. 19 dargestellten Signals notwendig. BRECHT und

WESP [19] haben gezeigt, daß die Faserflockung mit ausreichender Regelmäßigkeit geschieht, so daß aus der Transparenzschwankung eine Frequenz herausgelesen werden kann, die die Wolkengröße charakterisiert. Noch deutlicher ist der Zusammenhang zwischen feststellbarer Frequenz und auftretenden Sieb-, Filz- und ähnlichen Markierungen.

Aufschluß hierüber gibt die Darstellung der Schwankungsamplitude in ihrer Abhängigkeit von der Frequenz. Dieses Frequenzspektrum kann mittels der für Schallanalysen gebräuchlichen Frequenzanalysatoren aufgenommen werden, da sich leicht zeigen läßt, daß zum Beispiel bei einer Maschinengeschwindigkeit von 300 m/min die Frequenz für einen Wolkenabstand von 20 mm 250 Hz und die für eine Siebmarkierung mit einem Abstand von 0,5 mm 10 kHz beträgt. Abb. 20 zeigt das Frequenzspektrum dreier Papiere mit verschiedener Durchsicht. Die beobachteten Einzelheiten sind in Tab. 5 dargestellt.

*Tab. 5*

|  | Papier 1 Illustrationsdruckpapier | Papier 2 Illustrationsdruckpapier | Papier 3 Tiefdruckpapier |
|---|---|---|---|
| Mittlere Transparenzabweichung | 8 Skt. | 15 Skt. | 28 Skt. |
| Frequenzmaxima | 27 Hz = 27,7 mm<br>52 Hz = 14,2 mm<br><br>320 Hz = 2,3 mm<br><br>1400 Hz = 0,5 mm | 30 Hz = 25,0 mm<br>62 Hz = 12,0 mm<br><br>680 Hz = 1,1 mm | 22 Hz = 34,0 mm<br>38 Hz = 20,0 mm<br>52 Hz = 14,4 mm<br>75 Hz = 10,0 mm<br>118 Hz = 6,3 mm<br>600 Hz = 1,2 mm |
| Urteil | vergleichsweise gute Durchsicht | schlechtere Durchsicht als Papier 1 | schlechtere Durchsicht als Papier 2 |

Das Spektrum wurde mit einem Brüel- und Kjäer-Frequenzanalysator gewonnen, der einen Frequenzbereich von 20 bis 20 000 Hz überstreicht.

# 4. Möglichkeiten zur Kennzeichnung des Glanzes

Der visuelle Eindruck des Glanzes einer Papieroberfläche wird insofern als Qualitätsmerkmal angesehen, als die Brillanz eines Drucks mit dem Glanz des Papiers steigt. Kürzliche Untersuchungen haben allerdings gezeigt, daß die Lesbarkeit einer mit Schrift bedruckten Fläche um so besser ist, je geringer der Glanz ist [20]. Verschiedene Bestrebungen bei der Herstellung gestrichener Papiere gehen deshalb dahin, Papiere mit matter und ausreichend glatter Oberfläche zu erzielen. Immerhin darf nicht übersehen werden, daß die Werbewirksamkeit eines Drucks mit höherem Glanz besser bewertet wird.

Eine physikalische Kennzeichnung glänzender Oberflächen kann von verschiedenen Gesichtspunkten her angegangen werden. Hier soll versucht werden, den Ausgangspunkt in der Farbmetrik zu finden. Wählt man für Beleuchtung und Beobachtung eindeutige Bedingungen (Abb. 21), so ist bei verschiedenen unterschiedlich glänzenden Papieren der Unterschied in der Verteilung und spektralen Zusammensetzung des zurückgestrahlten Lichtes zu finden. Wird die spektrale Zusammensetzung des Lichtes durch den Farbort nach DIN 5033 vorgenommen, so lassen sich zwei Grenzfälle unterscheiden: Unter 0° wird Licht mit einem Farbort zurückgestrahlt, der der Eigenfärbung der gemessenen Fläche entspricht. Unter dem Reflexionswinkel wird Licht zurückgestrahlt, dessen Farbort sich mehr oder weniger dem des zur Messung verwendeten Lichts nähert oder diesem entspricht. Bei stark glänzenden Flächen ist vor allem der Unterschied im Hellbezugswert groß.

Im vorliegenden Fall der Kennzeichnung weißer Papiere ist der Unterschied der spektralen Zusammensetzung des *remittierten* und *reflektierten* Anteils nicht so unterschiedlich, daß ihre Unterscheidung in dieser Richtung notwendig erscheint. Zur Glanzmessung wird deshalb ein Gerät verwendet, wie es prinzipiell in Abb. 21 dargestellt ist (z. B. Goniophotometer der Firma Zeiss, Oberkochen). Als Ergebnis der Messung erhält man Kurven, wie sie in Abb. 23 dargestellt sind.

Wie bereits angedeutet, enthält das wieder ausgesandte Licht zwei Anteile [21]. Der erste Anteil wird dem Reflexionsgesetz entsprechend reflektiert. Für die Intensität läßt sich auch FRESNEL angeben:

$$I_R = I_0/2 \left( \frac{\sin^2(\alpha - \beta)}{\sin^2(\alpha + \beta)} \right) + \frac{\operatorname{tg}^2(\alpha - \beta)}{\operatorname{tg}^2(\alpha + \beta)} \tag{8}$$

Hier sind:

$\alpha$ = der Einfallswinkel,
$\beta$ = der Ausfallswinkel des gebrochenen Strahls.

Nach der Fresnelschen Formel wird klar, daß die Intensität des reflektierten Lichts um so größer wird, je größer der Einfallswinkel, gegen das Lot gemessen, wird.

Der zweite Teil des zurückgestrahlten Lichts kommt aus einer mehr oder weniger dicken Schicht des Papiers und bildet den remittierten Anteil. Für die Intensität gilt hier:

$$I'_R \omega = I_0 \frac{\omega \cos \alpha'}{\pi} R_d(\alpha, \alpha') \tag{9}$$

Hier sind:

$I'_R \omega$ = die in den Raumwinkel $\omega$ unter $\alpha'$ zurückgestrahlte Lichtintensität,
$R_d(\alpha, \alpha')$ = eine von der Oberfläche abhängige Größe, die sich mit Einstrahlungs- und Beobachtungswinkel ändert [22].

Soll eine Glanzkennzahl aus dieser Kurve ermittelt werden, sind folgende Tatsachen zu berücksichtigen: Die mit dem Goniophotometer ermittelte Intensitätsverteilungskurve hängt vom Öffnungswinkel der Beleuchtung und Beobachtung ab und geht damit ins Meßergebnis ein. Die Intensitätsverteilungskurve für einen ideal matten Körper zeigt, daß es sich bei der Funktion $R_d(\alpha, \alpha')$ in Gl. (9) um einen relativ komplizierten Zusammenhang handelt, so daß bei glänzenden Proben eine Trennung zwischen reflektiertem und remittiertem Anteil nicht ohne weiteres möglich ist. Andererseits haben aber unter anderem Versuche mit unterschiedlich geschwärzten aber gleich glänzenden Photopapieren gezeigt, daß der visuell empfundene Glanz dem reflektierten Anteil am besten entspricht [23].

So wird vorgeschlagen, die Glanzhöhe als Kennwert anzugeben, wie sie in Abb. 22 abgeleitet ist. Eine gewisse Bedeutung hat auch die Glanzschärfe [24].

# Literaturverzeichnis

[1] LIEBERT, E., Das Papier, **19**, 589–593 (1965).
[2] LIEBERT, E., Wochenbl. für Papierfabr., **93**, 785–790 (1965).
[3] SCHWAB, O., U. RAPP und W. SCHÄFER, Wochenbl. für Papierfabr., **97**, 999–1005 (1969).
[4] GALL, E. und FRIEDRICHSEN, Farbe und Lack, **74**, 132–144 (1968).
[5] KOCH, G., und H. SÄCKL, G-I-T-Fachzeitschrift für das Laboratorium, **13**, 1047–1050 (1969).
[6] LIEBERT, E., Sonderdruck der München-Dachauer-Papierfabriken (1968).
[7] HUNTER, R. S., J. Opt. Soc. Am., **48**, 985–995 (1958).
[8] SCHÖNER, O., Unveröffentlichte Studienarbeit, Oskar-von-Miller-Polytechnikum 1968.
[9] JUDD, D. B., und G. WYSZECKI, Color in Business, Science and Industry (1965).
[10] BASF-Druckschrift.
[11] DIEHL, H., Fogra-Mitteilungen, 8–11 (1957), Nr. 15.
[12] BRECHT, W., Das Papier, **19**, 630–649 (1965).
[13] MACK, H., und B. KLEIN, Das Papier, **10**, 564–566 (1956).
[14] PETEREIT, H., Das Papier, **23**, 794–799 (1969).
[15] TSCHUDIN, W. F., und P. A. SCHMID, Pulp and Paper International, **1964**, 40–44.
[16] LIEBERT, E., Das Papier, **22**, 376–378 (1968).
[17] SPEARMAN, C., Amer. J. Psychol. **15**, 79 (1904).
[18] AGAHD, K., Wochenbl. für Papierfabr., **71**, 281 ff. (1940).
[19] BRECHT, W., und A. WESP, Das Papier, **6**, 359–367 (1952).
[20] OPDERBECK, H., Das Papier, **23**, 764–771 (1969).
[21] HUNTER, R. S., TAPPI, **45**, 203A–209A (1962).
[22] KOSBAHN, TH., Farbe und Lack, **70**, 693–702 (1964).
[23] BECKER, H., H. NOVEN und H. RECHMANN, Farbe und Lack, **74**, Februar 1968.
[24] LIEBERT, E., Wochenbl. für Papierfabr., **97**, 186–192, 375–380, 448–458 (1969).

# Anhang

Abb. 1   Zeiss-Elrepho – Color- and Color-Difference-Meter (Hunterlab)

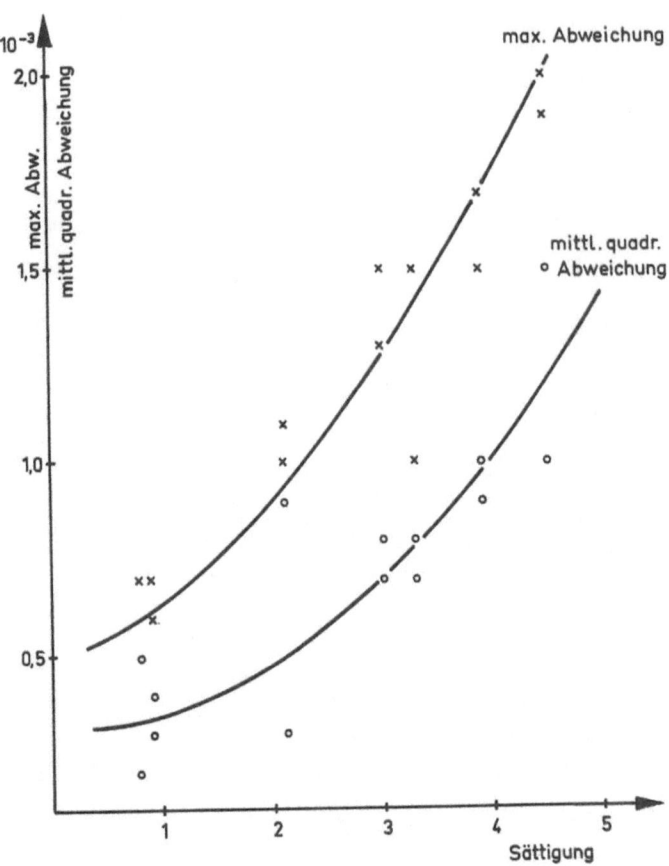

Abb. 2  Meßgenauigkeit bei verschiedenen Papieren (DIN 5033)

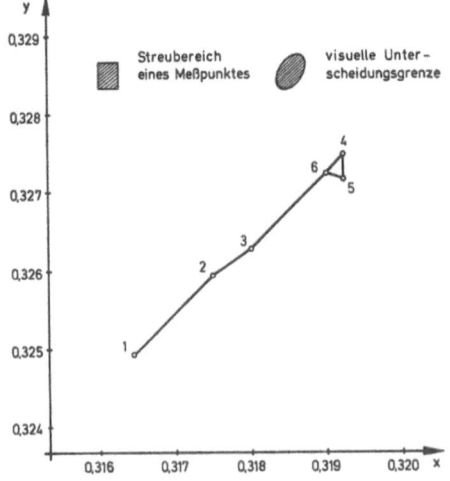

Abb. 3  Visuelle und meßtechnische Abmusterung

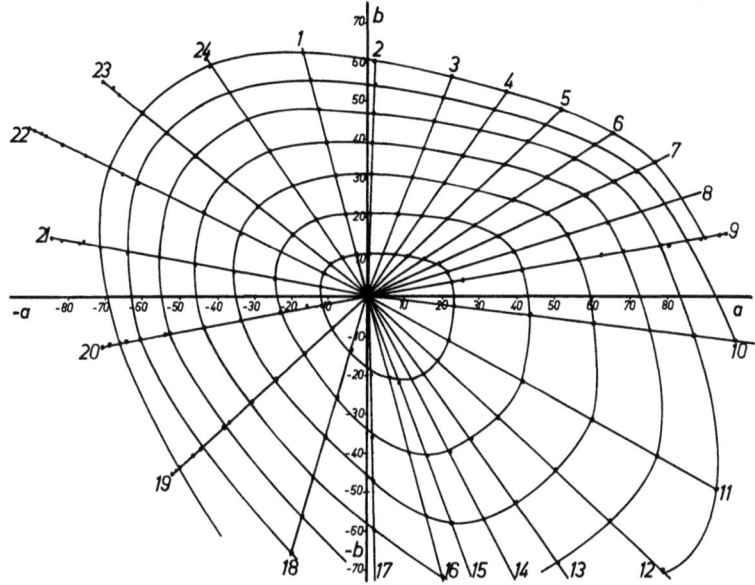

Abb. 4  Farbton- und Sättigungslinien nach DIN 6164 im Hunter-System

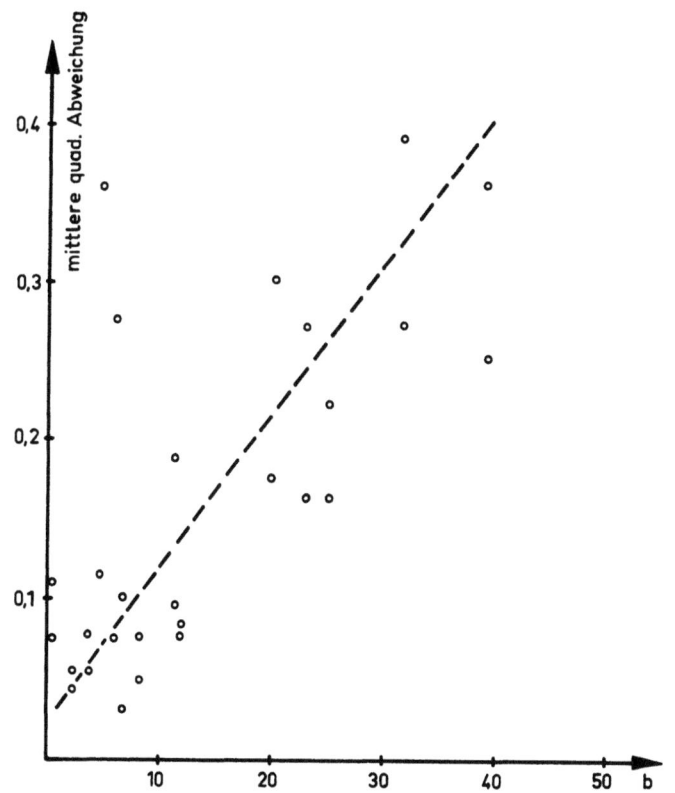

Abb. 5  Meßgenauigkeit des Color- and Color-Difference-Meters

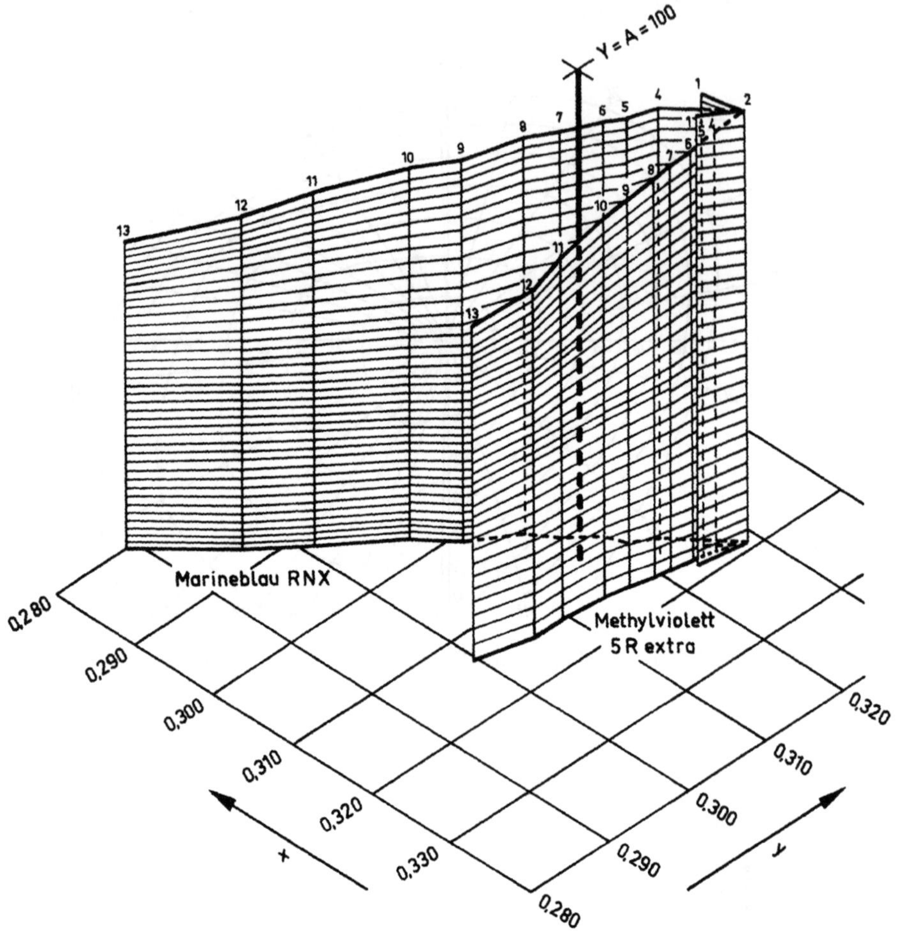

Abb. 6  Nuancierungskurven in räumlicher Darstellung

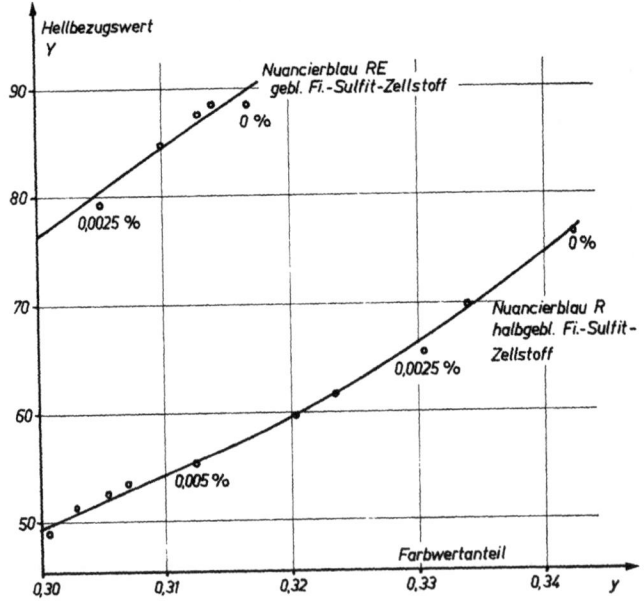

Abb. 7  Nuancierungskurven in der $Y, y$-Ebene

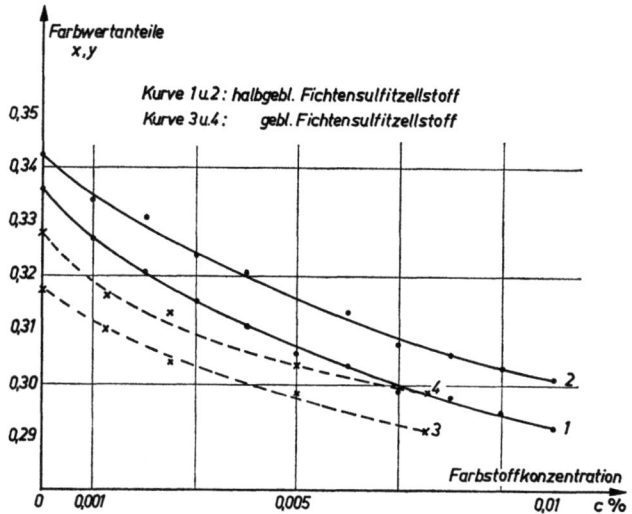

Abb. 8  $x$ und $y$ in Abhängigkeit von der Farbstoffkonzentration

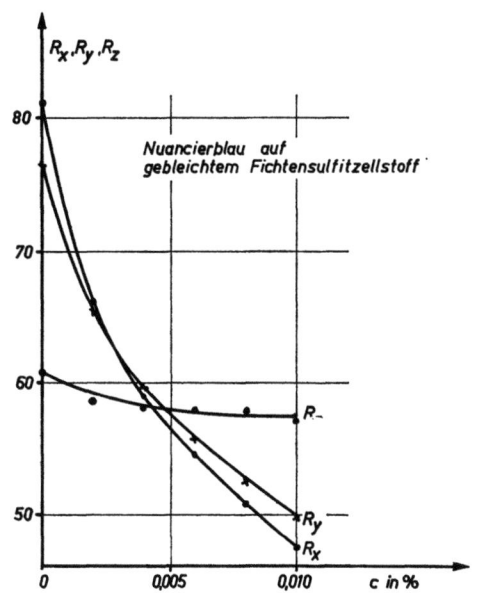

Abb. 9  $R_X$, $R_Y$ und $R_Z$ in Abhängigkeit von der Farbstoffkonzentration

*Tabelle zu Abb. 10   Abnahme der Helligkeit Y = Ry eines gebleichten Zellstoffes bei zunehmendem Farbstoffaufwand*

| Bezeichnung des Farbstoffes | Helligkeit Y = Ry | | | | | | | | | | | | |
|---|---|---|---|---|---|---|---|---|---|---|---|---|---|
| | 1 | 2 | 3 | 4 | 5 | 6 | 7 | 8 | 9 | 10 | 11 | 12 | 13 |
| Pigmosolblau G | 91,7 | 88,3 | | 89,0 | 89,1 | 88,3 | 88,1 | 88,0 | 86,7 | 85,5 | 83,9 | 82,6 | 79,8 |
| Papierdirektblau CP | 92,0 | 88,1 | | 88,8 | 88,5 | 87,7 | 86,2 | 85,0 | 83,4 | 80,7 | 79,0 | 75,9 | 72,5 |
| Astrablau 3 R konz | 91,8 | 88,4 | | 89,4 | 89,0 | 88,7 | 87,5 | 86,6 | 85,1 | 83,3 | 81,4 | 79,1 | 76,0 |
| Methylviolett N blau | 91,7 | 88,3 | | 88,8 | 88,3 | 86,8 | 85,9 | 84,7 | 82,8 | 81,3 | 78,6 | 76,2 | 72,6 |
| Methylviolett R extra konz | 91,0 | 88,6 | | 90,0 | 89,8 | 88,9 | 87,6 | 86,8 | 85,6 | 84,5 | 83,3 | 80,9 | 78,4 |
| Methylviolett 5 R extra | 91,2 | 88,3 | | 85,6 | 84,7 | 84,1 | 83,1 | 81,5 | 79,0 | 77,5 | 73,7 | 71,0 | 67,4 |
| Acilanviolett 4 BL extra | 91,9 | 88,4 | | 88,8 | 88,0 | 87,0 | 85,9 | 84,3 | 82,2 | 79,7 | 77,2 | 74,3 | 72,1 |
| Nuancierblau RE | 91,0 | 88,3 | | 88,4 | 87,3 | 86,4 | 84,8 | 81,5 | 81,2 | 79,1 | 76,4 | 72,9 | 69,3 |
| Marineblau RNX | 92,0 | 88,3 | | 87,9 | 86,8 | 85,1 | 83,0 | 81,5 | 78,3 | 75,9 | 72,1 | 68,6 | 63,0 |
| Siriuslichtblau FBGL | 92,0 | 88,4 | | 90,1 | 89,4 | 89,0 | 88,1 | 87,5 | 85,7 | 84,7 | 82,1 | 80,6 | 77,6 |
| Siriuslichtblau B | 91,8 | 88,0 | | 89,7 | 90,2 | 89,6 | 88,7 | 86,8 | 83,5 | 81,7 | 79,1 | 76,6 | 73,5 |
| Acilanbrillantblau FFR | 91,9 | 88,1 | | 90,3 | 89,6 | 86,4 | 88,7 | 88,0 | 86,6 | 85,7 | 84,1 | 82,5 | 79,4 |
| Brillantwollblau G extra | 91,9 | 88,2 | | 90,6 | 90,2 | 89,9 | 87,9 | 88,6 | 87,8 | 87,1 | 85,8 | 83,9 | 82,2 |

Es bedeutet:

1 = gebleichter Sulfitzellstoff   2 = gebleichter Sulfitzellstoff, geleimt und fixiert

Die Punkte 4–13 bezeichnen den Farbstoffaufwand beim Färben in Gewichts-%, bezogen auf atro Faserstoff

| | | | |
|---|---|---|---|
| 4 = 0,00031 | 6 = 0,00063 | 8 = 0,00125 | 10 = 0,00250 | 12 = 0,00500 |
| 5 = 0,00047 | 7 = 0,00094 | 9 = 0,00188 | 11 = 0,00375 | 13 = 0,00750 |

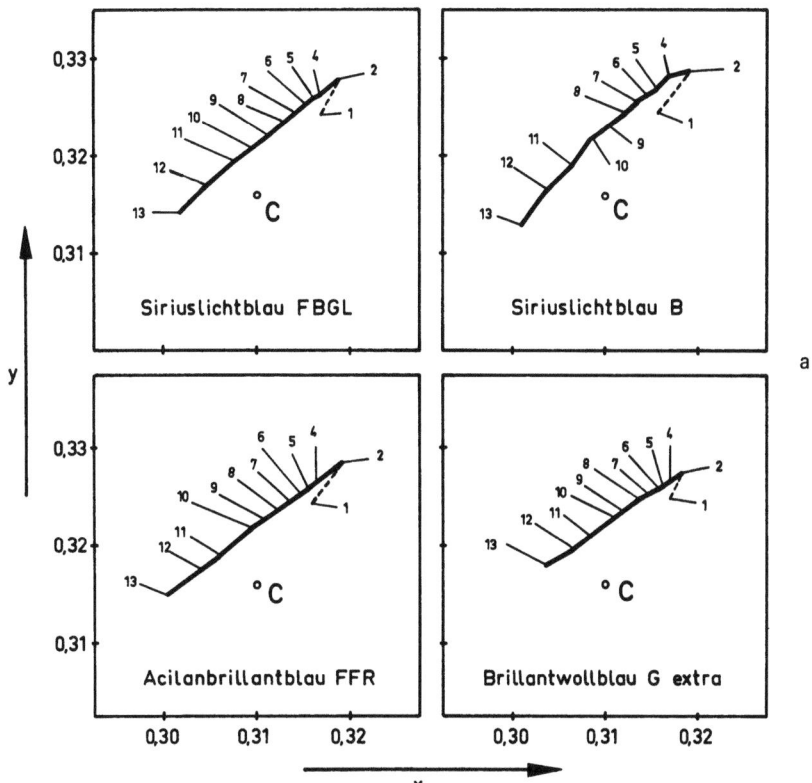

Abb. 10a–c  Nuancierungskurven im Farbnormdreieck

Es bedeutet:

1 = gebleichter Sulfitzellstoff

2 = gebleichter Sulfitzellstoff geleimt und fixiert

Die Punkte 4–13 bezeichnen den Farbstoffaufwand beim Färben in Gewichts-% bezogen auf atro Faserstoff

| | | | |
|---|---|---|---|
| 4 = 0,00031 | 7 = 0,00094 | 10 = 0,00250 | 13 = 0,0075 |
| 5 = 0,00047 | 8 = 0,00125 | 11 = 0,00375 | |
| 6 = 0,00063 | 9 = 0,00188 | 12 = 0,00500 | |

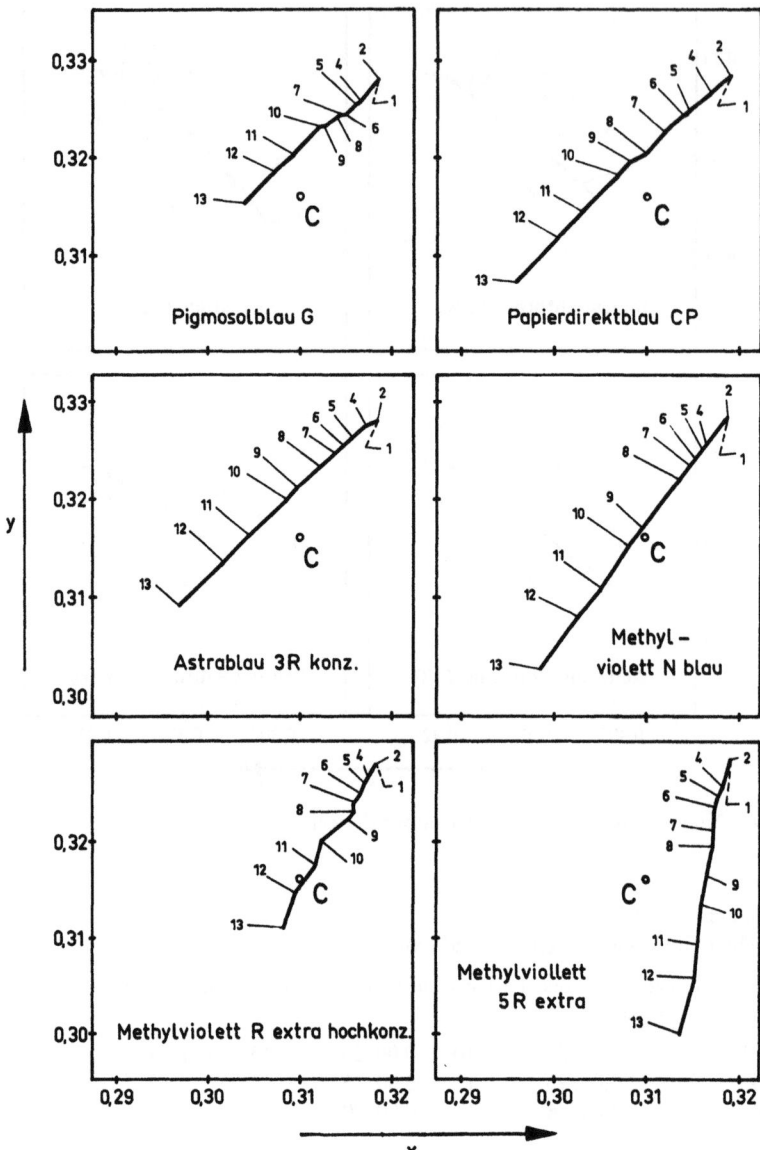

Abb. 10b

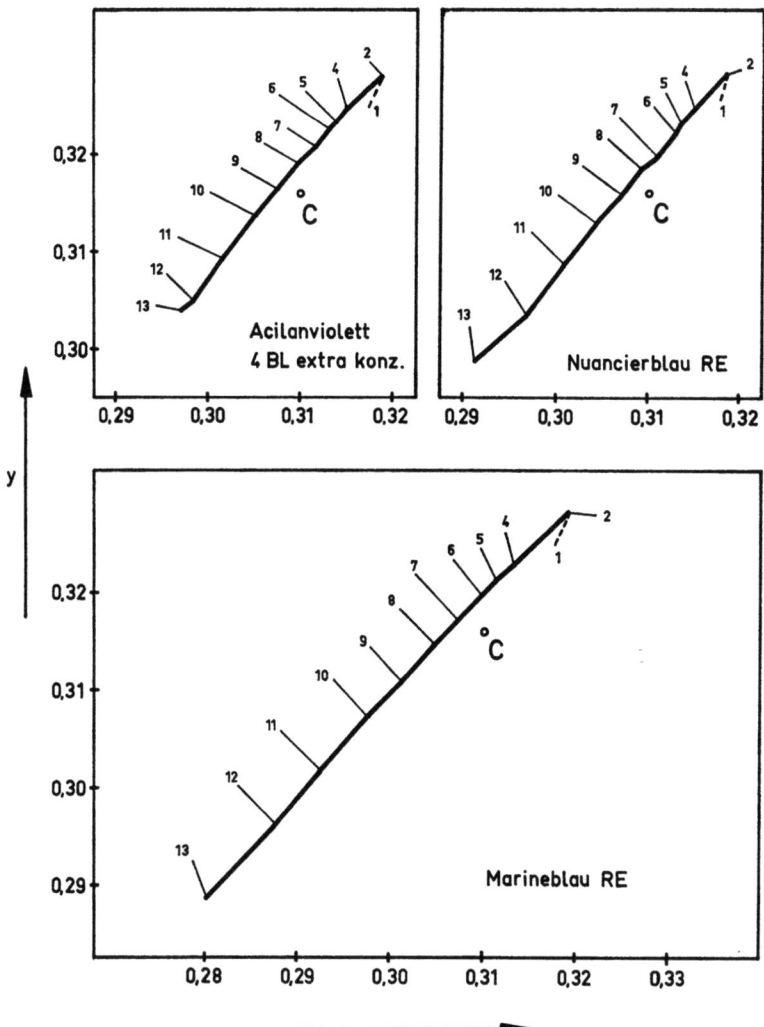

Abb. 10c

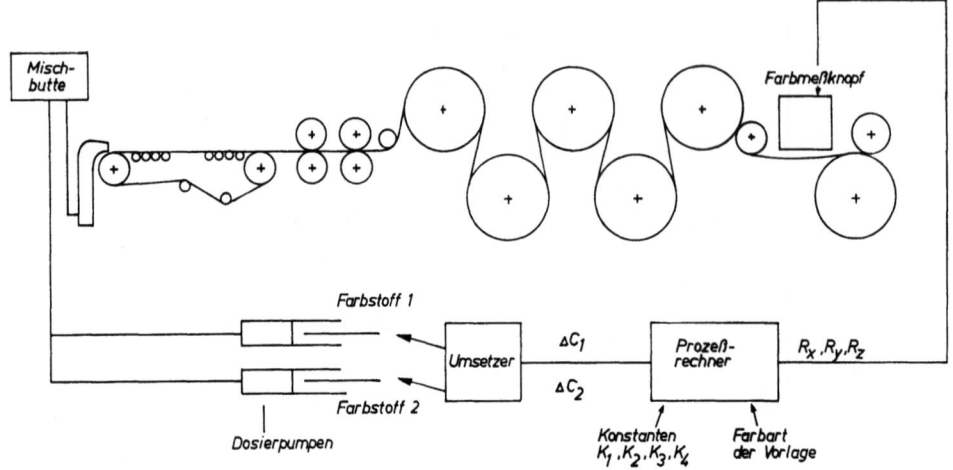

Abb. 11  Schema einer automatischen Farbstoffdosierung

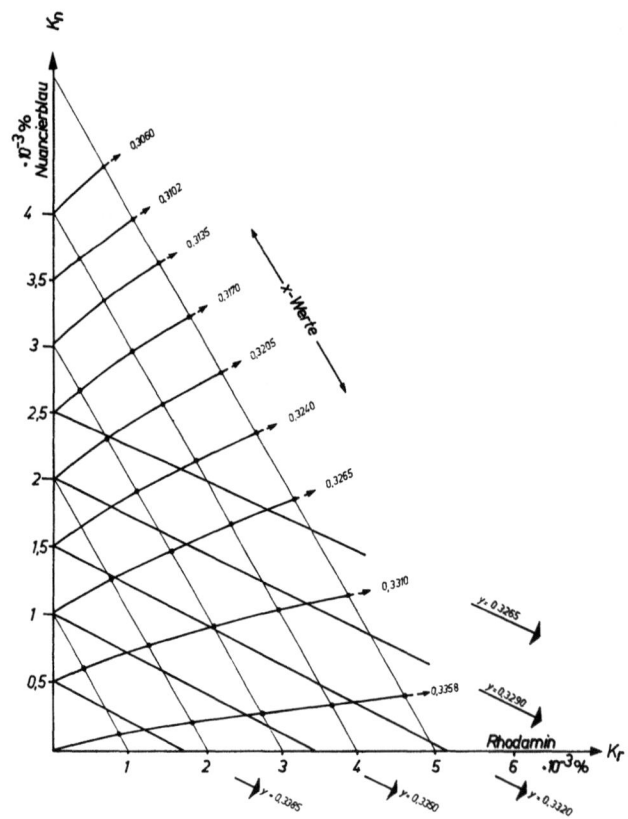

Abb. 12  Farbnachstellungsdiagramm

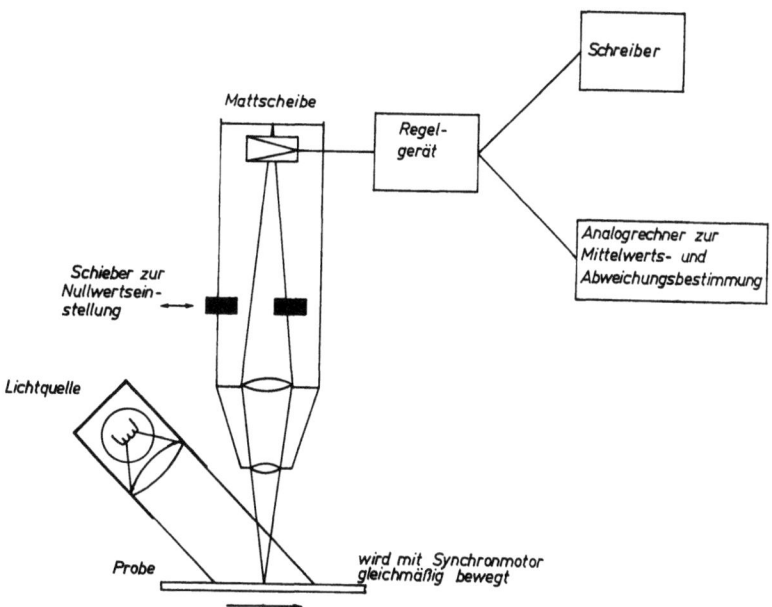

Abb. 13  Schema eines einfachen Mikrophotometers

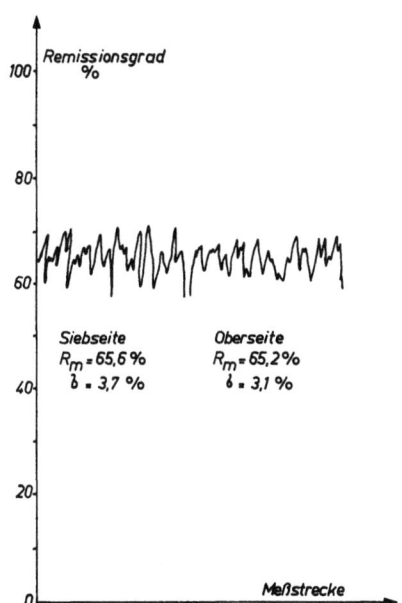

Abb. 14  Remissionsgrad in Abhängigkeit von der Meßstrecke

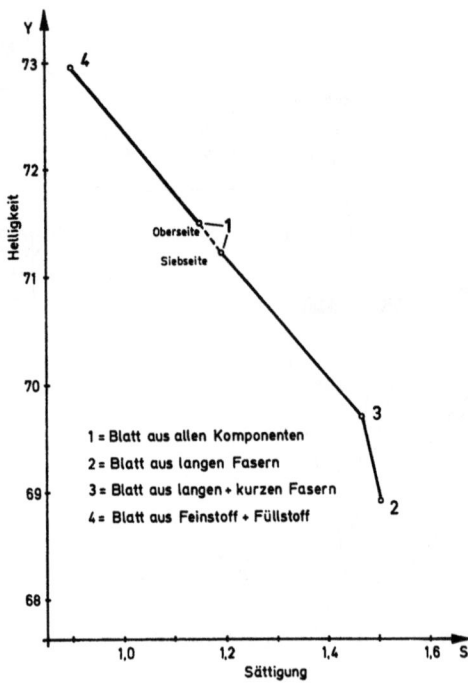

Abb. 15  Farbort von Füllstoff, Feinstoff und Grobstoff eines holzhaltigen Papiers

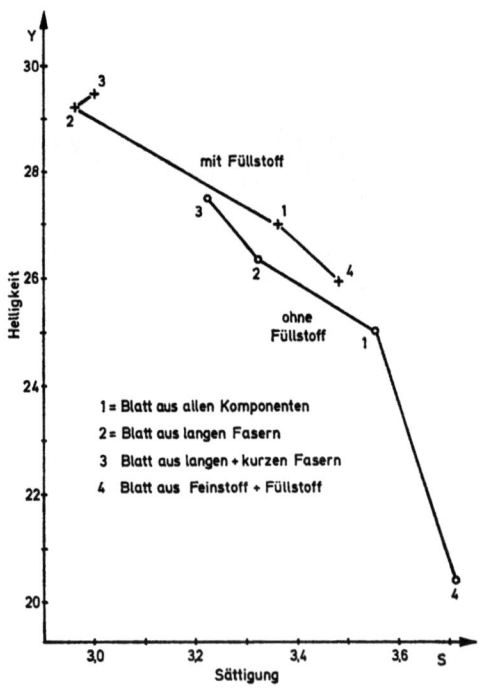

Abb. 16  Farbort der Papierkomponenten eines blau nuancierten Papiers

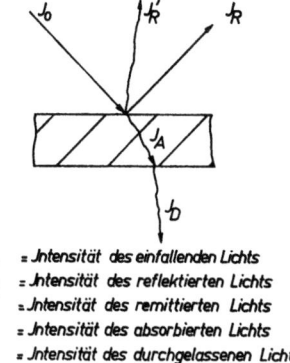

$J_O$ = Intensität des einfallenden Lichts
$J_R$ = Intensität des reflektierten Lichts
$J_R'$ = Intensität des remittierten Lichts
$J_A$ = Intensität des absorbierten Lichts
$J_D$ = Intensität des durchgelassenen Lichts

Abb. 17  Intensitätsverteilung beim Auftreffen von Licht auf ein Fasergefüge

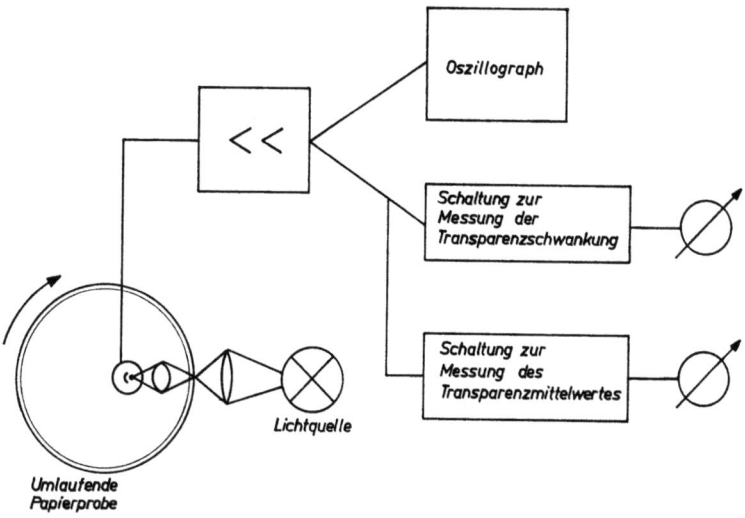

Abb. 18  Skizze eines Formationsmeßgerätes

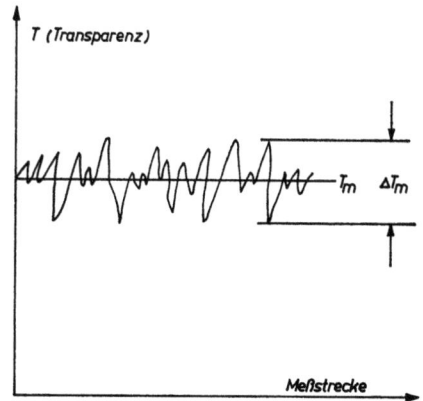

Abb. 19  Transparenzschwankung, gemessen an einem Tiefdruckpapier

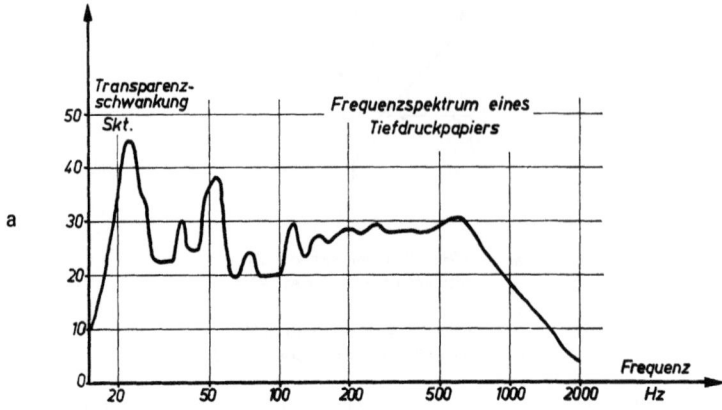
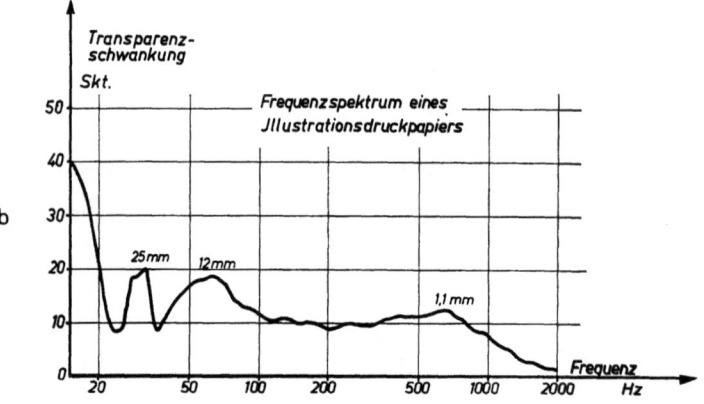
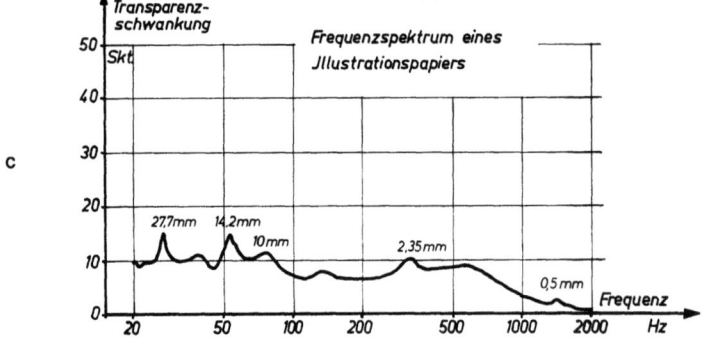

Abb. 20a–c  Frequenzspektrum verschiedener Papiere

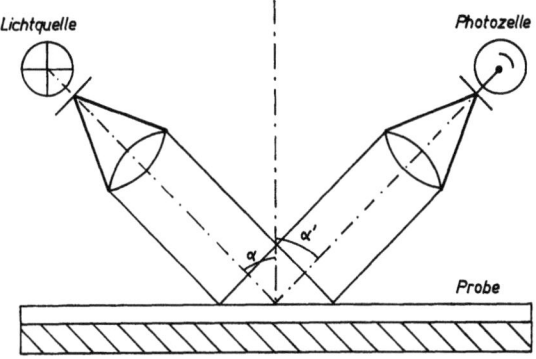

Abb. 21  Skizze einer Anordnung zur Glanzmessung

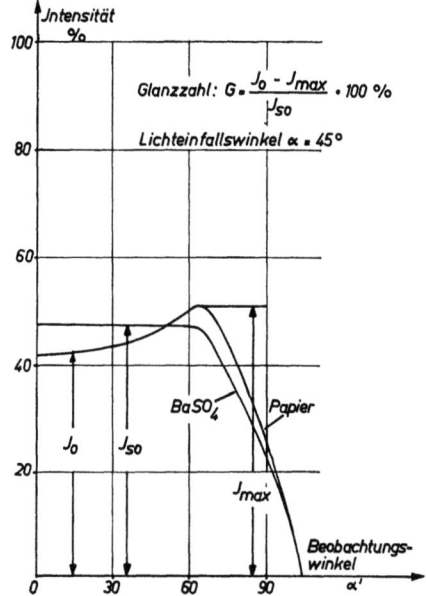

Abb. 22  Intensitätsverteilung des zurückgestrahlten Lichtes

# Forschungsberichte des Landes Nordrhein-Westfalen

Herausgegeben im Auftrage des Ministerpräsidenten Heinz Kühn
und des Ministers für Wissenschaft und Forschung Johannes Rau
von Leo Brandt

## Sachgruppenverzeichnis

**Acetylen · Schweißtechnik**
Acetylene · Welding gracitice
Acétylène · Technique du soudage
Acetileno · Técnica de la soldadura
Ацетилен и техника сварки

**Arbeitswissenschaft**
Labor science
Science du travail
Trabajo científico
Вопросы трудового процесса

**Bau · Steine · Erden**
Constructure · Construction material ·
Soil research
Construction Matériaux de construction ·
Recherche souterraine
La construcción · Materiales de construcción ·
Reconocimiento del suelo
Строительство и строительные материалы

**Bergbau**
Mining
Exploitation des mines
Minería
Горное дело

**Biologie**
Biology
Biologie
Biologia
Биология

**Chemie**
Chemistry
Chimie
Quimica
Химия

**Druck · Farbe · Papier · Photographie**
Printing · Color · Paper · Photography
Imprimerie · Couleur · Papier · Photographie
Artes gráficas · Color · Papel · Fotografía
Типография · Краски · Бумага · Фотография

**Eisenverarbeitende Industrie**
Metal working industry
Industrie du fer
Industria del hierro
Металлообрабатывающая промышленность

**Elektrotechnik · Optik**
Electrotechnology · Optics
Electrotechnique · Optique
Electrotécnica · Optica
Электротехника и оптика

**Energiewirtschaft**
Power economy
Energie
Energía
Энергетическое хозяйство

**Fahrzeugbau · Gasmotoren**
Vehicle construction · Engines
Construction de véhicules · Moteurs
Construcción de vehículos · Motores
Производство транспортных средств

**Fertigung**
Fabrication
Fabrication
Fabricación
Производство

**Funktechnik · Astronomie**
Radio engineering · Astronomy
Radiotechnique · Astronomie
Radiotécnica · Astronomía
Радиотехника и астрономия

## Gaswirtschaft
Gas economy
Gaz
Gas
Газовое хозяйство

## Holzbearbeitung
Wood working
Travail du bois
Trabajo de la madera
Деревообработка

## Hüttenwesen · Werkstoffkunde
Metallurgy · Materials research
Métallurgie · Matériaux
Metalurgia · Materiales
Металлургия и материаловедение

## Kunststoffe
Plastics
Plastiques
Plásticos
Пластмассы

## Luftfahrt · Flugwissenschaft
Aeronautics · Aviation
Aéronautique · Aviation
Aeronáutica · Aviación
Авиация

## Luftreinhaltung
Air-cleaning
Purification de l'air
Purificación del aire
Очищение воздуха

## Maschinenbau
Machinery
Construction mécanique
Construcción de máquinas
Машиностроительство

## Mathematik
Mathematics
Mathématiques
Matemáticas
Математика

## Medizin · Pharmakologie
Medicine · Pharmacology
Médecine · Pharmacologie
Medicina · Farmacología
Медицина и фармакология

## NE-Metalle
Non-ferrous metal
Metal non ferreux
Metal no ferroso
Цветные металлы

## Physik
Physics
Physique
Física
Физика

## Rationalisierung
Rationalizing
Rationalisation
Racionalización
Рационализация

## Schall · Ultraschall
Sound · Ultrasonics
Son · Ultra-son
Sonido · Ultrasónico
Звук и ультразвук

## Schiffahrt
Navigation
Navigation
Navegación
Судоходство

## Textilforschung
Textile research
Textiles
Textil
Вопросы текстильной промышленности

## Turbinen
Turbines
Turbines
Turbinas
Турбины

## Verkehr
Traffic
Trafic
Tráfico
Транспорт

## Wirtschaftswissenschaften
Political economy
Economie politique
Ciencias económicas
Экономические науки

Einzelverzeichnis der Sachgruppen bitte anfordern

# Westdeutscher Verlag · Opladen
567 Opladen/Rhld., Ophovener Straße 1–3, Postfach 1620

MIX
Papier aus verantwortungsvollen Quellen
Paper from responsible sources
FSC® C105338

If you have any concerns about our products,
you can contact us on
**ProductSafety@springernature.com**

In case Publisher is established outside the EU,
the EU authorized representative is:
**Springer Nature Customer Service Center GmbH
Europaplatz 3, 69115 Heidelberg, Germany**

Printed by Libri Plureos GmbH
in Hamburg, Germany